自在 小鍋食光

大庭英子　著

瑞昇文化

說到小鍋料理的優點，就是這些

其1

只要一個小鍋，晚餐就OK！

工作筋疲力盡……這樣的你，還會在家裡做晚餐嗎？「雖然會做，但要做好幾道菜真的好麻煩……。」如果是這樣的話，煮小鍋最合適！能夠吃到大量的肉、魚和蔬菜，只要一道小鍋料理，就能享用營養均衡的晚餐。

其2

變化無限！

小鍋要做得好吃的秘訣，在於平均地組合肉、魚和蔬菜。如果遵循這一點，就會產生變化萬千的美味。每天嘗試看看加入不同食材、試著改變與平常不同的味道，思考專屬自己的食譜也是一大樂事。

輕鬆且立即開動！

希望能夠趕快煮好，這種時候就推薦只要將食材「切好」、「放進去」、「煮」的小鍋。如果挑選能夠生吃的食材，到煮好所花的時間就會更短，本書也會介紹回到家後真的只要20分鐘就能上桌的食譜。要洗的碗盤很少也是小鍋料理令人欣喜的優點。

好累～

咕嚕～～

我開動了！

 其4

身心都大滿足！

如果是一個人或兩個人住，許多人都傾向於外食或買超商便當。小鍋因為放入營養均衡的食材，所以身體能夠好好地攝取營養，此外，雖然一年四季都能享用美味小鍋，但尤其是在寒冷季節裡，小鍋能溫暖身體，心情也不知不覺溫暖了起來。

煮小鍋的 3個原則

1

想辦法讓食物易熟

小鍋是給想趕快煮好的人，所以縮短加熱時間是重點。若選擇生吃也可以的食材，那麼即使沒有完全煮熟也沒關係，縮短加熱時間，馬上就能煮好。使用牛蒡或胡蘿蔔等較硬的食材時，切成薄片也會較快煮熟。

將較硬的食材切成薄片，使用削皮器會更簡單！

没有麻煩的步驟！輕鬆地做菜♪

3

用最簡單的食材與調味料煮小鍋

小鍋的優點之一就是不用加工，光是高湯或食材的美味就足夠變成一道好吃的料理了。將食材與調味料用到最簡單，小鍋會變得好吃，也省了荷包！

2

將調味料放在湯頭裡

煮小鍋的時候會準備許多調味料，邊沾邊吃——有時也會覺得麻煩。這樣的話，就把調味料一起倒入鍋子裡！用一個鍋子就能輕鬆煮，味道還會充分散開，滿足感也會提升。

本書使用的
高湯有 4 種！

主要使用的是

高湯

本書食譜中的「高湯」指的是用昆布與柴魚片做成的湯底。煮法會在第9頁介紹，沒有時間的時候，也可以使用市售的味素，但因為鹹度各有不同，還請自行調整。

雞骨高湯的味素

主要用在韓風、中華風和地方民族風等亞洲的小鍋，本書使用的是YOUKI食品公司的顆粒味素。

歐風高湯的味素

主要使用在歐風的小鍋。充滿肉與蔬菜的甜味，味道濃郁。

中華高湯的味素

主要使用在亞洲風的小鍋，濃縮了豬、雞、牡蠣和蔬菜等的甜味，能煮出味道十分豐富的小鍋。

高湯的製作方法

材料

水……8杯

昆布（5cm 的四方形）……4～5片　　柴魚片……25g

1 把水和昆布放到鍋子裡，開小火，在快煮滾前將昆布取出。

＊如果有時間的話，將昆布浸泡約2小時後再煮會更有味道。

2 將步驟❶的鍋子調成中火，加入柴魚片，用筷子按壓讓柴魚片充分浸泡，煮滾後調成小火，再煮約3分鐘關火，放置一段時間。

3 當柴魚片完全沉下去後，用濾杓過濾湯汁。

＊如果要做更簡單的高湯，只用昆布做成的「水高湯」也是 OK 的，早上在容器裡放入2杯水跟2片昆布（5cm 的四方形），冰到冰箱裡，回家後馬上就可以使用，冰在冰箱可保存1~2天。

一次做多人份的高湯再冰起來相當方便！

保存方法

保存方法：一次做多人份的高湯，再放入容器中冷藏或冷凍起來會相當方便。冷藏的保存期限，夏天是2~3天，冬天是4~5天；冷凍的保存期限以2週為宜。

目録

本書的對照單位

● 1 小匙 =5ml、1 大匙 =15ml、1 杯 =200ml。

●若沒有另外說明的場合，鹽指天然鹽、醬油是濃口醬油、酒是清酒、砂糖是使用上白糖的砂糖、味噌是信州味噌。因為不同料理所需的鹽分不同，請斟酌使用。

●料理的步驟是已經過洗菜、削皮等備料程序後開始的步驟。

●若是 1~2 人的食譜，砂鍋為 6 號砂鍋（口徑為 20cm）、不鏽鋼鍋或琺瑯鍋的直徑為 18~20cm、平底鍋的直徑約 12cm。

1章

用2種主要食材做出來的

簡單小鍋

漂亮地組合
「肉或魚 × 蔬菜」

因為是用小容量的鍋子做成的「小鍋」，所以食材的種類太多的話就難以分辨食物的味道。反過來說，「小鍋」的優點是用2種主要食材和高湯，就能吃到好吃的料理。選擇食材的秘訣，就是選用蔥或豆芽菜等蔬菜來組合肉或魚等蛋白質食材。每樣食材的味道會浸透在湯鍋中，成為一道美味的料理。

16

「簡單小鍋」的主要食材是這些！

豬五花肉

×

豆芽菜

p.22

豬五花及豆芽菜鍋

牛腿肉

×

蔥

p.20

青蔥牛肉鍋

豬絞肉

×

青江菜

p.26

擔擔鍋

雞腿肉

×

牛蒡

p.24

牛蒡雞肉鍋

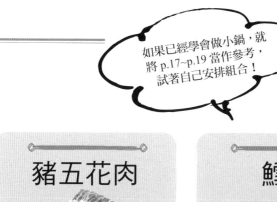

如果已經學會做小鍋，就將 p.17~p.19 當作參考，試著自己安排組合！

豬五花肉 × 大白菜

p.30

酸菜白肉鍋

鱈魚 × 馬鈴薯

p.28

蒜味鱈魚馬鈴薯鍋

雞絞肉 × 蕪菁

p.34

蕪菁雞肉鍋

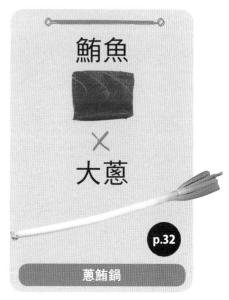

鮪魚 × 大蔥

p.32

蔥鮪鍋

「簡單小鍋」的主要食材是這些！

水煮鮭魚罐頭

✕

大白菜

p.38

大白菜包鮭魚鍋

沙丁魚

✕

白蘿蔔

p.36

沙丁魚丸鍋

鯖魚

✕

白蘿蔔

p.42

鯖魚咖哩鍋

雞腿肉

✕

鴻喜菇

p.40

鴻喜菇雞肉鍋

青蔥牛肉鍋

丟進大量的柔軟牛肉和清脆的蔥

材料◉1 人份

牛腿肉（火鍋肉片）……100g

蔥（斜切長 5~6cm）……100g

高湯……2 杯

A ［酒 2 大匙、醬油½小匙、鹽⅓小匙］

七味粉……適量

1 將高湯倒入鍋子中，開中火，煮滾後加入A調味。

2 將牛肉鋪平放入 **1** 中，快速煮一下，去除雜質，加入蔥後關火，按照喜好撒上七味粉。

牛肉要快速煮，
不要讓肉變硬。

材料◉ 1 人份

豬五花肉片（若太長對半切）……100g

豆芽菜……1 袋（200g）

味噌……2 大匙

黑胡椒……少許

酒……2 大匙

水……1/3～1/2杯

1 將豬肉片鋪平在砧板上，塗上味噌，並撒上黑胡椒。

2 將豆芽菜放入鍋中，豬肉有味噌的那面朝下，放在豆芽菜上，加入酒和水，蓋上鍋蓋轉中火，煮滾後將火調小，再煮 8~10 分鐘。

豬五花及豆芽菜鍋

充分展現豬肉美味的濃厚味噌

使用一整袋的豆芽菜！
讓自己吃得飽飽的。

牛蒡雞肉鍋

微甘的湯頭和牛蒡的美味超級搭

材料◉ 1 人份

雞腿肉（切成小塊）……½片（150g）

牛蒡（削皮，切薄片後用水沖洗一下）……100g

水……2 杯

A［酒 2 大匙、味醂 1 大匙、醬油 1 又½大匙］

1 在鍋子裡加入水和雞肉，調到中火。煮滾後，將火轉小，去除雜質，用 A 調味，蓋上鍋蓋，用小火煮 6~7 分鐘。

2 加入牛蒡，轉中火，煮滾後蓋上鍋蓋，用小火煮 5~6 分鐘。

材料◉ 1 人份

豬絞肉……100g

青江菜（根部以 8 等分切開，長度對切）

　……2 棵

沙拉油……½ 大匙

大蔥（切碎）……2 大匙

大蒜（切碎）……½ 小匙

酒……2 大匙

水……2 杯

A［醬油½ 大匙、鹽¼小匙］

白芝麻醬……2 大匙

辣油……適量

擔擔鍋

適度的辣味讓人著迷

1 將沙拉油倒入平底鍋中，以中火加熱，加入
絞肉炒散，炒開後加入大蔥和大蒜後繼續
炒，倒入酒。

2 將 1 倒入鍋子裡，加入水開中火，煮滾後以
A 調味，蓋上鍋蓋，用小火煮 6~7 分鐘。

3 加入白芝麻醬拌開，再加入青江菜煮到軟化
縮水，隨喜好加進辣油。

材料◉ 1 人份

生鱈魚（切片／切成 6 等分）……1 片

馬鈴薯（切絲）……2 個

水……2 杯

歐風高湯的味素（顆粒）……$\frac{1}{2}$小匙

A ［鹽$\frac{2}{3}$小匙、胡椒少許］

橄欖油……2 大匙

大蒜（切薄片）……1 瓣

白酒（或是清酒）……2 大匙

粗辣椒粉……少許

蒜味鱈魚馬鈴薯鍋

清淡的鱈魚配上微辣的湯頭正中紅心

1 馬鈴薯用水洗後瀝乾。★洗掉表面的澱粉，馬鈴薯吃起來會較清脆。

2 在鍋子裡加入水及歐風高湯的味素，開中火，煮滾後加入 A 調味。

3 在平底鍋倒入橄欖油，加入大蒜開小火，爆香後加入鱈魚，用中火煎熟正反兩面，撒上白酒。

4 在 2 的鍋子中放入 3，開小火煮約 5 分鐘，再加入 1 直到煮熟為止，撒上辣椒粉。

經過脫水的大白菜，
風味會更加濃郁。

酸菜白肉鍋

大白菜充分吸收高湯的美味，好吃到讓人受不了！

材料◉ 1 人份

大白菜（橫切寬 8mm~1cm）……300g

豬五花肉片（若太長就切成 3~4 等分）

……100g

鹽……1 小匙

水……3 杯

雞骨高湯的味素（顆粒）……1/2 小匙

酒……2 大匙

大蒜（切薄片）……1 瓣

1 將大白菜放到碗中，撒上鹽巴，充分攪拌後靜置至白菜出水，再擰乾。

2 將水、雞骨高湯的味素和豬肉倒入鍋子裡，開中火，煮滾後轉小火，去除雜質，加入酒和大蒜，蓋上鍋蓋煮 15~20 分鐘。

3 在 2 中加入大白菜，煮到軟化縮水為止。

蔥鮪鍋

使用的食材只有這些，真正純粹的小鍋

材料◉ 1 人份

鮪魚（切片／切塊）……100g

大蔥（切蔥段長 2~3cm）……1 條

高湯……1/3 杯

A［醬油 1 又 1/2 大匙、酒 2 大匙、
味醂 2 大匙］

1 在碗中加入高湯和 A，充分攪拌。

2 在鍋子中放入鮪魚和大蔥，倒入 1，蓋上鍋
蓋，轉中小火，煮滾後將火轉小，再煮至大
蔥軟化縮水為止。

鮪魚不要煮過頭了！
中間呈現生的狀態是最
好吃的時候！

蕪菁雞肉鍋

享用清香甘甜的蕪菁！

材料◉ 1 人份

蕪菁（莖留下約 4cm，去除葉子，直切成兩半）

　……小顆 2 顆

蕪菁葉（切成長 4~5mm）……30g

雞絞肉……100g

沙拉油……1 小匙

酒……2 大匙

水……2 杯

A［鹽½ 小匙、胡椒少許］

1 在鍋子裡加入沙拉油，用中火加熱，加入絞肉並炒散，絞肉變色後撒上酒，加水後再煮滾，將火轉小，去除雜質。

2 加入蕪菁轉中火，煮滾後再轉小火，蓋上鍋蓋煮 7~8 分鐘。

3 當蕪菁變軟後，加入 A 調味，煮約 5 分鐘，再加入蕪菁葉稍微煮一下即可熄火。

材料◉1 人份

沙丁魚（生魚片用／去皮切成長 1cm）
……2 條（100g）

白蘿蔔（直切成條狀）……20 ㎝（150g）

水……2 ～ 3 杯

昆布……6 ㎝

A ［大蔥末 1 大匙、
　　生薑末¼小匙、味噌 1 小匙］

B ［酒½大匙、太白粉½大匙］

酒……2 大匙

味噌……2 大匙

七味粉……適量

沙丁魚丸鍋

白蘿蔔薄片充分保留魚丸的美味

1 在鍋子裡加入水和昆布，開小火。

2 用菜刀敲碎沙丁魚，加入 A 之後再一次敲碎，放到碗中，加入 B 混合攪拌。

3 1 煮滾後加入酒，使用用水沾濕的湯匙挖 2 放進鍋中，蓋上鍋蓋，用小火煮約 5 分鐘。

4 將白蘿蔔加進去稍微燙一下，當白蘿蔔變得透明時，放入味噌，按照喜好撒上七味粉。

沒有時間的時候，
使用罐頭很輕鬆～。

×

大白菜包鮭魚鍋

柔軟的大白菜和彈牙的鮭魚交織在一起

材料◉ 1 人份

大白菜葉……450g

水煮鮭魚罐頭……1 罐（180g）

大蔥（切碎）……2 大匙

生薑末……½ 小匙

A［太白粉 1 小匙、鹽及胡椒各少許］

水……1 杯

酒……2 大匙

B［鹽及胡椒各少許］

粗粒黑胡椒……少許

1 在碗中放入罐頭鮭魚、大蔥、生薑，將 A 倒入，用手仔細的抓碎攪拌。

2 在大白菜的菜葉與菜葉間塞入 1，並配合鍋子的高度，均等分地切開，切口朝上放入鍋中，加入水和酒，蓋上鍋蓋。

3 將 2 的鍋子用中火燉煮，煮滾後用 B 調味，再轉小火，煮 20~25 分鐘直到大白菜變軟為止，最後撒上黑胡椒。

鴻喜菇雞肉鍋

柚子胡椒的味道在嘴裡散開

材料◉ 1 人份

雞腿肉（切成小塊）……1/2 片（150g）

鴻喜菇（切掉根部，撥散）……1 包

水……2 又 1/2 杯

酒……2 大匙

鹽……1/3 小匙

柚子胡椒……1/2～1 小匙

1 在鍋子中加入水和雞肉，轉中火，煮滾後，將火調小，去除雜質。

2 加入酒和鴻喜菇，再煮至軟化縮水，用鹽和柚子胡椒調味，蓋上鍋蓋，用小火煮 10~15 分鐘。

因為是一年四季都能買到的食材，隨時可以做這道菜！

鯖魚咖哩鍋

辛香料的香氣讓人食指大動

材料⊙ 1 人份

鯖魚（去頭剔骨，切成三片魚片）……$\frac{1}{2}$ 條（100g）

白蘿蔔（切絲）……150g

鹽……$\frac{1}{2}$ 大匙

水……2 杯

雞骨高湯的味素（顆粒）……$\frac{1}{2}$ 小匙

A ［酒 2 大匙、咖哩粉 $\frac{1}{2}$ 大匙、
　　醬油 1 小匙、鹽 $\frac{1}{4}$ 小匙］

1 將鯖魚切成 1cm 厚的薄片，並排放在篩網上，正反兩面都撒上鹽巴，放置約 10 分鐘。

2 將大量熱水倒入 **1**，直到表面變色後，再沖冷水，然後將水瀝乾。★將鯖魚塗上鹽巴，然後用熱水燙過後可以去除腥臭味。

3 鍋子中加入水和雞骨高湯的味素，開中火，煮滾後調成小火，用 **A** 調味，加入鯖魚，蓋上鍋蓋，用小火煮約 5 分鐘。

4 將白蘿蔔加入 **3** 中攪拌，稍微煮一下即可熄火。

混合即可的4種沾醬

任何料理都可以使用的
萬能沾醬

柚子醋醬油

材料◉ 3～4次份

柑橘類果汁（香橙、臭橙、
　酸橘等）……½杯

醬油……½杯

★將所有食材混合，用餐時酌量
地加入高湯稀釋。

 推薦搭配的小鍋！

清爽的柑橘類香氣引發食慾，
柚子醋醬油和任何小鍋都能
搭，試著搭配各種小鍋吧。

 酸菜白肉鍋
（p.30）

 鱈魚湯豆腐
（p.68）

 白肉魚山藥鍋
（p.96）

想要換口味的時候，光是使用柚子醋醬油或香味沾醬就能讓風味更佳，因為只是將食材混合在一起，所以很快就能製作完成。

香味沾醬

大蒜和蔥是重點！

材料◉ 3 ～ 4 次份

醬油……5 大匙

醋……3 大匙

砂糖……1 小匙

大蒜（切碎）……1 小匙

大蔥（切碎）……3 大匙

薑汁……1 小匙

辣椒粉……½ 小匙

碎芝麻……2 大匙

芝麻油……2 大匙

★將所有食材混合。

推薦搭配的小鍋！

香味沾醬含有大量的大蒜和蔥，適合想要重口味時使用，因為會辣，所以推薦搭配較清爽的小鍋。

竹莢魚餛飩鍋
（p.52）

豬肉片捲薑絲鍋
（p.64）

生魚片涮涮鍋
（p.114）

芝麻醬讓醬汁變得濃稠！

沾醬
芝麻味噌

推薦搭配的小鍋！

用濃稠的芝麻和味噌做成的沾醬，口感滑順，即使是搭配味道較強烈的小鍋也很棒！

擔擔鍋（p.26）
花椰菜肉丸鍋（p.84）

材料◉ 3 ～ 4 次份

白芝麻醬……4 大匙

味噌……4 大匙

薑汁……1 小匙

高湯……2/3 ～ 1 杯

辣椒粉……少許

★將所有食材混合。

享受香菜的芬芳

沾醬
民族風

推薦搭配的小鍋！

在酸辣的醬汁中加入大量的香菜就變成亞洲風味的沾醬，意外地和什麼小鍋都很搭。

蒜味鱈魚馬鈴薯鍋（p.28）
煎餃鍋（p.120）

材料◉ 3 ～ 4 次份

魚露……3 大匙

檸檬汁……3 大匙

蜂蜜……1 大匙

辣椒（切碎）……2 ～ 3 條

香菜（切碎）……3 大匙

★將所有食材混合。

2章

今晚要喝酒

下酒菜鍋

份量要控制

「小鍋」也很適合當下酒菜！說到適合配酒的料理味道就是重口味，像是辣的、或用起司等味道濃厚的食材做出來的料理，味道要能夠讓人吃一口菜、配一口酒。因此，做菜時也要注意份量，酒和小鍋都很美味，但若要健康地享用，得注意不要飲酒過量。

Q

有搭配小鍋
和酒的方法嗎？

A

讓我們
自由地組合吧！

當小鍋要和酒搭配時，沒有所謂
「和風小鍋要配日本酒」、「歐
風小鍋要配洋酒」的規矩嗎？事
實上，在搭配的時候並沒有嚴格
的規矩。p.50~p.73中所介紹的組
合都只是推薦的舉例說明，請隨
著個人的喜好做出特製小鍋，享
受各種風味吧！

因為都是切絲的食材，充分吸收了美味

🍺 啤酒

材料◉ 1 人份

牛肉片（烤肉用／肉絲）……100g

A ［酒½大匙、醬油½大匙、
　　 芝麻油 1 小匙、辣椒粉少許、
　　 蒜末少許、蔥花 1 大匙］

大白菜（切成長 4~5cm、寬 3~4mm）……2 片

香菇（去蒂，切薄片）……3 片

紅蘿蔔（切絲）……4 cm分

雞蛋……1 顆

辣椒粉……少許

炒白芝麻……少許

麵味露（純）……3 ～ 4 大匙

水芹（切成長 4~5cm）……適量

1 在碗中放進牛肉，倒入 A 混合攪拌，預先
　調味。

2 塗芝麻油（額外材料）在壽喜燒的鍋子
　上，將 1 和蔬菜以放射狀的樣子擺上去，在
食材的中心打下一顆蛋，撒上辣椒粉和芝麻，從
鍋緣倒入麵味露。

3 轉中火，將 2 煮滾後，蓋上鍋蓋，煮到蔬菜
　軟化縮水為止，再擺上水芹。

將雞蛋和食材拌在一塊
然後開動♪

材料◉ 1 人份

竹莢魚（生魚片用／切成寬 1cm，用菜刀敲碎）

　……1 條（80g）

A ［大蔥末 1 大匙、酒½ 大匙、

　　太白粉 1 小匙、

　　生薑末、鹽、胡椒各少許］

餛飩皮（市售）……8 片

水……3 杯

雞骨高湯的味素（顆粒）……½ 小匙

B ［酒 1 大匙、鹽⅔ 小匙、胡椒少許］

青江菜（切成 3 等分，莖的部分直切寬 1cm）

　……1 棵

1 將竹莢魚和 A 放入碗中，混合攪拌。

2 鋪開餛飩皮，將 1 分成 8 等分，分別放到餛
飩皮的中心上。將餛飩皮的四角沾濕，摺成
三角形的形狀，將四角貼合，共做 8 個。

3 在鍋裡加入水和雞骨高湯的味素，開火，煮
滾後加入 B 調味。

4 將 2 的餛飩一個個地放入 3 中，全部放下去
後將火調小，煮約 2 分鐘，加入青江菜，煮
到菜葉軟化縮水為止。

竹莢魚餛飩鍋

咬下餛飩的瞬間，竹莢魚的香氣擴散開來

日本酒

啤酒

酪梨起司燒

更加柔軟和香甜的酪梨在嘴裡融化

白酒

材料◉ 1 人份

酪梨（切成 2~3cm 的四方形）……1 顆

A ［白酒 1 大匙、檸檬汁 1 小匙、
　　鹽 1/5 小匙］

披薩專用乳酪……50g

橄欖油……2 大匙

粗辣椒粉……少許

1 在鍋子裡加入酪梨和 A，混合攪拌。

2 將乳酪擺在 1 上面，淋上橄欖油，蓋上鍋蓋，
開中火。煮滾後調成小火，煮 7~8 分鐘直到乳
酪融化為止，完成後撒上辣椒粉。

因為酪梨可以生吃，
所以加熱時間較短
也 OK！

韭菜豬肉鍋

辣味噌和大蒜香氣讓人食慾大開

啤酒　燒酒

材料◉ 1 人份

豬肉片（切 3 等分）……100g

水……3 杯

A ［酒 2 大匙、生薑片 2 ～ 3 片］

高麗菜（切成 4~5cm 的四方形）……150g

味噌……2 ～ 3 大匙

韭菜（切成長 3~4cm）……50g

大蒜（切薄片）……1 瓣

辣椒（去籽，切碎）……1 條

炒白芝麻……½ 大匙

1 在鍋中倒入水，開火。沸騰後加入豬肉，出現雜質後將火轉小，去除雜質。
加入 A，蓋上鍋蓋，煮 15~20 分鐘。

2 將高麗菜加入 1，煮到菜葉軟化縮水，加入味噌溶解後，撒上韭菜、大蒜、辣椒和白芝麻。

如果用豬五花肉片
很輕鬆就可以料理，
十分推薦。

材料◉ 1 人份

蛤蜊（帶殼／吐完沙）……200g

鴻喜菇（去除根部、撥散）……²⁄₃ 包

白酒……1 大匙

A ［鹽、胡椒各少許］

奶油……1 大匙

香菜（切碎）……1 大匙

1 在鍋子中加入蛤蜊和鴻喜菇，倒入白酒，蓋上鍋蓋轉中火，煮滾後將火勢稍微調弱，煮到蛤蜊開口為止。

2 加入 A 調味，放上奶油，撒上香菜。

奶油燉蛤蜊鴻喜菇鍋

蛤蜊的美味和奶油的香醇是最佳拍檔！

白酒

民族風雞肉鍋

香菜及魚露的獨特風味讓人著迷

啤酒

材料◉ 1～2 人份

雞胸肉……1 小片（150g）

水……3 杯

A　[酒 2 大匙、鹽½ 小匙、生薑皮適量]

洋蔥（直切薄片）……½ 小顆

香菜（切成長 3cm）……適量

生薑（切絲）……½ 小節

辣椒（去籽，切成寬 5mm）……1 條

大蒜（切薄片）……1 瓣

B　[芝麻油 1 大匙、魚露⅔ 大匙]

萵苣（切成寬 2cm）……⅓ 棵（150g）

快速上菜的秘訣

事先將雞胸肉煮好撕開，連同湯底放入冰箱保存，回家後從步驟 3 開始做即可，十分方便。

1 在鍋子裡加入水和雞胸肉，開中火，煮滾後將火轉小，去除雜質。加入 A，蓋上鍋蓋，以小火煮約 20 分鐘，關火，稍微放涼。

2 將 1 的雞肉用手撕成方便食用的大小。

3 在碗中加入 2、洋蔥、香菜、生薑、辣椒和大蒜，倒入 B 混合調味。

4 將 1 的生薑皮拿掉，再次煮滾，加入萵苣煮到軟化縮水，放入 3，再稍微煮一下即可。

章魚蘑菇 西班牙燉鍋

蒜香四溢的西班牙小酒館招牌菜

章魚的嚼勁
讓人十分滿足！

材料◉ 1 人份

水煮章魚（切塊）……100g

橄欖油……4 大匙

大蒜（對半直切）……2 瓣

蘑菇（切掉根部，對半直切）
　……5 ～ 6 顆（60g）

辣椒……2 ～ 3 條

香菜（切碎）……2 大匙

A ［鹽、胡椒各少許］

1 在平底鐵鍋加入橄欖油和大蒜，轉小火。爆
　香後，加入章魚、蘑菇和辣椒，拌在一起炒。

2 炒到整體軟化縮水後再加入香菜炒，加入
　調味。

材料◉ 1 人份

豬里肌肉（火鍋肉片）……8 片

嫩薑（帶皮切絲）

　……1 大節（約 5 cm）

金針菇（切除根部，撥散）……1 袋

水菜（切成長 5~6cm）……40g

鹽漬海帶（注水泡開，切成長 4~5cm）……10g

高湯……2 杯

A ［酒 1 大匙、鹽½小匙］

日本酒

啤酒

1 肉片直放，將手邊的嫩薑放在肉片上，另外加上金針菇、水菜和海帶，從自己這側開始捲，捲起來後用牙籤固定。

2 在鍋子中加入高湯，用中火煮滾，加入 A 調味。

3 在 2 的鍋子中加入 1，煮到蔬菜軟化縮水為止。

當然這樣就能夠開動了，不過也推薦沾喜歡的醬汁一起吃（ → p.44 ）。

材料◉ 1 ～ 2 人份

蝦仁……3 隻

油豆腐（切成厚 1.5cm）……⅙片

青花菜（切成小朵）……3 朵（60g）

小番茄（去蒂）……3 顆

披薩專用乳酪……100g

低筋麵粉……1 小匙

白酒……3 大匙

A ［鹽、胡椒各少許］

1 去除蝦仁的腸泥，用水洗。在鍋中將水煮沸後，以油豆腐、青花菜、蝦仁的順序放入鍋中，當蝦仁變色後，將食材放到濾篩上。

2 將 1 的食材和小番茄插在竹籤上，每兩個插一串。

3 在小鍋子中加入乳酪和低筋麵粉，混合攪拌，撒上白酒，加入 A，蓋上鍋蓋，用小火煮到乳酪融化。

4 用 3 的起司淋在 2 的食材上即可享用。

也可以將
板豆腐改成
口感滑順的嫩豆腐。

鱈魚湯豆腐

佐以大量辛香料享用

日本酒

燒酒

材料◉ 1 人份

生鱈魚（切片／切成 4 等分）⋯⋯1 片

鹽⋯⋯適量

水⋯⋯2 杯

昆布⋯⋯6 cm

蔥（切碎）⋯⋯3 條（30g）

柴魚片⋯⋯1 袋（5g）

板豆腐（切成 4 等分）⋯⋯150g

酒⋯⋯2 大匙

生薑末⋯⋯適量

 快速上菜的秘訣●

要等昆布的味道釋放出來需要一段時間，所以如果在早上將昆布浸在水中，放進冰箱，回家後就可以馬上使用，能省去步驟 1。

1 在鍋子中加入水和昆布，浸泡約 30 分鐘。

2 將鱈魚放到濾篩上，撒上鹽，放置約 5 分鐘。將鱈魚泡在熱水中，表面變色後，放到冷水中冷卻，用水將魚鱗洗去。

3 將蔥和柴魚片放進碗中，加入1/3小匙的鹽巴混合。

4 在 1 的鍋子中加入鱈魚、豆腐和酒，轉小火，煮滾後，蓋上鍋蓋用小火再煮 7~8 分鐘，食材熟了以後，依序放上 3 和薑末。

番茄雞蛋鍋

酸辣的湯頭中充滿培根的美味

啤酒
紅酒
白酒

材料◉ 1 人份

番茄（切成 1cm 的塊狀）⋯⋯2 顆

橄欖油⋯⋯1 大匙

大蒜（切薄片）⋯⋯1 瓣

培根（切成寬 3cm）⋯⋯3 片

辣椒（去籽）⋯⋯1 條

A ［鹽⅓小匙、胡椒少許］

雞蛋⋯⋯1 顆

義大利巴西里⋯⋯適量

1 在鍋子中倒入橄欖油和大蒜，以小火炒，爆香後，加入培根和辣椒繼續炒，然後加入番茄。炒熟後，加入 A 調味，蓋上鍋蓋，用小火熬煮約 10 分鐘。★用番茄出水的水分熬煮。

2 將蛋打入 1 中，蓋上鍋蓋，煮到雞蛋半熟後關火，按照喜好撒上義大利巴西里。

濃厚的鹹甜味適合配酒！

鴨蔥鍋

日本酒
燒酒
紅酒

材料◉ 1 人份

鴨胸肉（切成厚 1cm）……150g

大蔥（斜切寬 1cm）……⅔條

西洋菜……2 把（50g）

沙拉油……1 大匙

酒……2 大匙

A ［醬油 2 大匙、味醂 2 大匙、
　　砂糖½大匙］

山葵醬……適量

1 在平底鍋倒入沙拉油加熱，放入大蔥，用大
火快速將兩面煎熟，移到鍋中。在同一個平
底鍋中放入鴨肉，用大火快速將兩面煎熟後放進
同一個鍋子裡。

2 在 1 的鍋子中撒上酒，淋上 A，加入西洋菜
稍微煮一下，按照喜好放上山葵醬。★為了
讓西洋菜有清脆的口感，最後才放入西洋菜。

使用鐵鍋能讓食材有漂
亮的焦色外，還可以就這
樣擺上餐桌！

應該要記得的
砂鍋的使用方法

要煮小鍋的話，
希望大家都能有 1 個自己專屬的砂鍋。
為了能夠使用很久，
讓我們一起來了解砂鍋的使用方法。

如果是小鍋（1~2 人）
推薦 6 號尺寸！

口徑約 20cm

砂鍋的鍋底很厚，熱傳導慢，所以會慢慢加熱，也因此有保溫效果，一旦加熱了就較難冷卻。此外，因為有遠紅外線的效果，所以能夠一點一滴地將食材從外到內煮熟。砂鍋的特徵最適合需要燉煮食用的小鍋料理。

煮稀飯

在使用新的砂鍋前，先煮稀飯以利「填土」。因為砂鍋用素燒製作而成，會殘留微小的氣泡，透過用米粒等澱粉類將氣泡填補起來，可以防止漏水或龜裂。

＋填土方法＋

①在砂鍋中倒入 7~8 分滿的水，加入米 2 大匙，用小火熬煮。
②煮成稀飯後關火，放置冷卻，再洗淨曬乾。

平常使用時……

鍋底是濕的時候不使用

鍋底素燒的部分，若沾到水卻開火的話，會因為急速的溫度變化造成龜裂。在開火前必須仔細確認鍋底不是濕的。

絕對不空燒

若空燒砂鍋，砂鍋可能會因為無法抵擋劇烈的溫度變化而造成龜裂。萬一不小心空燒，不要放到水中，而是將火關掉，等待鍋子自然地冷卻。

用水洗，倒放晾乾

洗砂鍋時，用海綿輕柔地刷洗是基本的，洗完後用乾抹布擦，將鍋底朝上倒放，確實晾乾，可以防止裂紋的產生。

吃小鍋的時候，若想要有點變化就要來道小菜。味道、口感和嘴裡的溫度都會產生變化，直到最後一刻都能盡情享受小鍋的美味。

濃稠的蛋黃和鹹甜的味道是重點

醬油半熟蛋

可事先準備 冷藏保存 2~4 天

材料◉ 4 顆分

雞蛋……4 顆

A ［高湯 1 杯、
味醂 2 大匙、醬油⅓ 杯、砂糖 1 大匙］

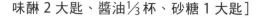

1 用鍋子煮沸開水，加入雞蛋。再次煮滾後將火轉小，再煮約 6 分鐘。將煮好的雞蛋浸在冷水中，在完全冷卻後剝蛋殼。★雞蛋在回到常溫的狀態後，煮的時候不容易破，殼也變得比較好剝。冷卻時可以在蛋的底部開一個小洞。

2 在別的鍋子中倒入 A，開火，煮滾後關火，稍微放涼。

3 將 1 放到容器中，再將 2 倒入容器覆蓋雞蛋，冰在冰箱中，醃漬 1~2 晚。

清爽的風味和口感讓嘴裡的味道煥然一新

辣芹菜

可事先
準備

材料◉ 2 人份

西洋芹（去筋，切成長 4~5cm、寬 1cm）

　……2 條（150g）

鹽……⅔ 小匙

芝麻油……1 大匙

辣椒（去籽，斜切）……½ 條

A ［醋 2 大匙、砂糖½ 大匙］

1 把西洋芹放入碗中，撒上鹽巴攪拌，靜置約 2~3 小時。等到芹菜軟化縮水後，用水快速沖洗一下，擰乾後放到別的碗中。

2 在平底鍋加入芝麻油和辣椒，用小火加熱，爆香後加入 A，煮到砂糖溶解。

3 將 2 淋在 1 上面，淋的時候左右晃動一下，之後讓它自然冷卻，讓芹菜吸收味道。

美乃滋提味！清爽系的芝麻拌醬

和風芝麻涼拌沙拉

可事先　冷藏保存
準備　　七天見

材料◉ 2 人份

板豆腐……1/2 塊（150g）

小黃瓜（切片）……1 條

鹽……1/2 小匙

白芝麻粉……2 大匙

A ［美乃滋 2 大匙、胡椒少許］

小番茄（去蒂，對半直切）……5 顆

1 一面用手捏碎豆腐，一面放入沸騰的水中，稍微煮一下後放到濾篩上瀝乾，靜置冷卻。★如果豆腐沒有確實瀝乾會變得水水的。

2 在碗中放進小黃瓜，撒上鹽巴攪拌，放置約 10 分鐘。小黃瓜軟化縮水後，用水洗並擰乾。

3 在研缽中放入 **1** 和白芝麻，搗至平滑為止，加入 **A** 調味，再加入 **2** 和小番茄混合攪拌。

健康小鍋

3章

在因工作而勞累的日子裡

用可以恢復活力
的食材補充能量！

用健康的食材
補充能量

「今天不知為何好累啊⋯⋯。」在這樣的日子裡，讓我們用味道溫和的小鍋療癒身心吧。選擇食材的方法是重點，例如消化不良時，要選用雞絞肉或白肉魚等有助於消化的食材，既能不勉強地進食，也能補充能量。想要調養身體時，可以選擇牛筋或雞翅等補充膠原蛋白。

既可以美容，
又營養滿分！

疲憊的時候，
要選擇幫助消化的食材。

喘口氣，
放鬆一下。

材料◉ 1 人份

雞絞肉⋯⋯100g

大蔥（切碎）⋯⋯1 大匙

A ［水 1 大匙、酒 1 小匙、鹽、薑汁各少許］

高湯⋯⋯1 又½ 杯

B ［酒 1 大匙、鹽½ 小匙］

白舞菇（切除根部，撥散）⋯⋯100g

萵苣（切成 5~6cm 的四方形）⋯⋯100g

嫩豆腐⋯⋯⅓ 塊

豆漿⋯⋯1 杯

1 在碗中放入絞肉和大蔥，倒入 A 混合攪拌。

2 將高湯倒入鍋子裡，用中火煮滾，加入 B 調味。

3 用湯匙小口小口地舀 1 加入 2 中，再放入舞菇。蓋上鍋蓋，以小火煮 6~7 分鐘。

4 用手一面捏碎豆腐一面加進鍋子裡，再加入萵苣和豆漿，煮到萵苣軟化縮水為止。

用金針菇
取代白舞菇
也是 OK 的！

材料◉ 2 人份

雞絞肉……160g

大蔥（切碎）……3 大匙

薑末……⅓ 小匙

A ［酒½ 大匙、鹽少許、太白粉 1 小匙、
　　水 1 大匙］

花椰菜（切成小朵）……8 朵（200g）

太白粉……適量

高湯……3 杯

B ［酒 1 大匙、味醂 1 大匙、鹽½ 小匙］

水菜（切成長 2cm）……50g

C ［太白粉 1 大匙、水 1 大匙］

柚子皮（切絲）……少許

花椰菜肉丸鍋

勾芡具有保溫效果，溫暖了身體

1 在碗中加入絞肉、大蔥、薑和 A，仔細攪拌，
　分成 8 等分。

2 在花椰菜的花蕾上塗上薄薄的太白粉，將 1
　延展成薄片，覆蓋並平貼在花蕾上。

3 在鍋子中倒入高湯，開中火，煮滾後加入 B
　調味。將 2 帶有絞肉的那面朝下放入鍋中，
再次煮滾後，蓋上鍋蓋，用小火煮約 10 分鐘，
煮到花椰菜變軟為止。

4 加入水菜稍微煮一會，將 C 仔細攪拌後倒入
　鍋中，再稍微攪拌一下出現勾芡後，撒上柚
子皮。

雞絞肉及花椰菜
都有助於消化，
即使量多
也能很快吃下肚。

用雞翅輕鬆完成

簡單的人蔘雞湯

這道菜有許多能夠恢復疲勞、促進食慾的食材，像是糯米及紅棗等等。

材料◉ 2 人份

雞翅……6 隻

水……4 杯

A ［酒 2 大匙、鹽 1 小匙］

糯米（稍微用水洗過後瀝乾）……2 大匙

生薑（帶皮，切片）……½ 小節

B ［大蒜 1 瓣、紅棗乾 4 顆、
　　枸杞 1 大匙、松子 1 大匙］

白蘿蔔（切絲，長 4cm）……300g

水芹（切成長 3cm）……30g

炒白芝麻……少許

1 在鍋中加入雞翅和水，開中火，煮滾後將火轉小，去除雜質，加入 A 調味。

2 加入糯米、生薑和 B，再次煮滾後，蓋上鍋蓋，用小火煮約 20 分鐘。★為了不要燒焦，一邊從鍋底攪拌一邊熬煮。

3 加入白蘿蔔，蓋上鍋蓋，用小火再煮約 5 分鐘，放上水芹，撒上白芝麻。

牛筋膠原蛋白鍋

吃完的隔天肌膚充滿彈性?!

材料◉ 1～2 人份

牛筋……400g

水……2～3 杯

A　［酒 3 大匙、鹽½ 小匙］

生薑皮……1 節

嫩豆腐（切成 4~6 等分）……½ 塊

蔥（蔥花）……50g

柚子醋醬油（→ p.44）……適量

快速上菜的秘訣

因為牛筋要煮到變軟需要時間，所以可以事先準備至步驟 **2**，再放入冰箱冷藏就會很輕鬆，可保存 2~3 天。

1　用熱水燙牛筋約 5 分鐘，放到濾篩上，用水洗後，切成一口的大小。★因為牛筋較難熟，所以先燙過。

2　在鍋子中加入 **1** 和水，開中火，煮滾後，放入 **A** 和薑皮，蓋上鍋蓋，用小火煮 30 分~1 小時。

3　加進豆腐煮，豆腐熱了以後，撒上蔥花關火。盛到器皿中，搭配柚子醋醬油享用。

七味粉或芥末醬
也都很搭♪

菠菜豬肉日常鍋

材料◉ 1 人份

豬五花肉（火鍋肉片）……100g

菠菜（切成 2~3 等分）……100g

番茄汁……1 杯

高湯……1 杯

A ［酒 2 大匙、鹽½ 小匙、胡椒少許］

金針菇（切除根部，撥散）……1 袋

帕瑪森乳酪……2 大匙

粗粒黑胡椒……少許

1 在鍋子中倒入番茄汁和高湯，開中火，煮滾後以 A 調味。加入豬肉和金針菇，用中火煮 8~10 分鐘。

2 加入菠菜，煮到軟化縮水後，撒上起司和黑胡椒。

將平常搭配柚子醬的
菠菜豬肉小鍋
改編成歐風料理！

材料◉1人份

蝦仁……80g

百合根……½個（30g）

高湯……½杯

A ［酒½大匙、鹽少許］

鴻喜菇（將根部整體切除撥散）……80g

雞蛋……2個

鹽……少許

蘿蔔嬰（切除根部，對半切開）……適量

1 去除蝦仁的腸泥，用水洗，瀝乾。

2 將百合根的根底稍微切掉，將鱗片一瓣一瓣剝下，黑色的部分用菜刀削掉。放到熱水裡，加入鹽巴（額外材料），煮約1分鐘，放置到濾篩上。

3 在鍋子中加入高湯，煮滾後用 A 調味，加入 1、2 和鴻喜菇，用中火快速煮一下。

4 將雞蛋的蛋白和蛋黃分離，分別放進不同的碗中，用打蛋器將蛋白打發，加入蛋黃和鹽調味攪拌，然後倒入 3 中輕輕攪拌。蓋上鍋蓋，用小火蒸煮約3分鐘，最後撒上蘿蔔嬰。

韓式蛤蜊鍋

恰到好處的辣度讓人恢復元氣

材料◉ 1 人份

蛤蜊（帶殼／吐完沙）⋯⋯150g

嫩豆腐⋯⋯½ 塊（150g）

水⋯⋯2 杯

雞骨高湯的味素（顆粒）⋯⋯½ 小匙

A　[酒 1 大匙、醬油 1 小匙、鹽¼ 小匙]

大蔥（斜切厚 1cm）⋯⋯8 cm

韓式白菜泡菜（切成寬 2~3cm）⋯⋯80g

水芹（切成長 3cm）⋯⋯30g

芝麻油⋯⋯1 小匙

1 鍋子中加入蛤蜊、水和雞骨高湯的味素，開中火，煮滾後將火轉小，蓋上鍋蓋，煮到蛤蜊開口為止，加入 A 調味。

2 在鍋子中心倒入豆腐，周圍撒入大蔥和泡菜，以中火煮 3~4 分鐘。

3 撒上水芹，倒進芝麻油。

白肉魚山藥鍋

高級的白肉魚和口感滑順的山藥泥交織在一起，讓人身心放鬆的料理

山葵會讓味道變得辛辣。

材料◉ 1 人份

鯛魚（魚片／對半切）……1 片

A ［酒½大匙、鹽少許］

山藥泥……160g

青花菜（切成小朵，對半直切）

　……3 朵（60g）

鹽……適量

香菇（去蒂，對半直切）……3 朵

高湯……3 大匙

山葵醬……適量

1 將鯛魚和 A 放到碗中混合攪拌，預先調味。

2 在熱水中加入少許鹽，快速燙一下青花菜，然後放到濾篩上。

3 將⅕小匙的鹽加進山藥泥裡，仔細地攪拌。

4 在較淺的鍋子裡放入 1、2 和香菇，注入高湯，將 3 覆蓋上去。蓋上鍋蓋，用較弱的中火燉煮，煮滾後再用小火煮 10~12 分鐘，最後依照喜好放上山葵醬。

根莖蔬菜豬肉鍋

將蔬菜切成薄片，享用大量的野菜

材料◉ 1 人份

豬里肌肉（火鍋肉片）……100g

蓮藕（切薄片）……60g

蕪菁（莖留下約 3cm，去除葉子，直切薄片）
　……1 個

紅蘿蔔（切薄片）……½ 小條

牛蒡（削皮，切成長 8cm 的薄片）……40g

高湯……2 ½ 杯

A ［酒 1 大匙、鹽⅔ 小匙］

酸橘（對半橫切）……1 顆

1 將蕪菁浸泡在水中約 5 分鐘，去除表面的泥土。

2 將高湯倒進鍋子，轉中火，煮滾後將火轉小，用 A 調味。

3 將 1 和剩下的蔬菜放入鍋子裡，煮到軟化縮水後，將肉片一片一片地鋪平放進去煮，煮熟後將食材移到器皿中，淋上湯頭和酸橘榨汁。

小鍋的 各種道具

小鍋子

除了一般常用的砂鍋，其他還有琺瑯鍋、壽喜燒鍋、不鏽鋼鍋等等，可分別配合不同的菜色使用，視覺上也會十分華麗。

如果用琺瑯鍋

直徑 18~20 cm

如果用砂鍋

口徑 20 cm

卡式瓦斯爐

要吃涮涮鍋的話，就需要能夠一邊加熱一邊吃東西的器具。因為瓦斯爐也有適合小鍋的小尺寸，所以配合手邊有的鍋子選擇瓦斯爐的大小吧。

讓小鍋生活更加輕鬆的就是這些便利的廚具，試
著配合當天的心情，
改變廚具的顏色跟形式吧？

湯匙

無論是舀湯還是喝湯的
時候都會用到，有各種
材質，從陶製到木製的
都有。

分裝用小碗

直接用鍋子吃飯會太
燙，這時候就需要分裝
的小碗。因為碗有樸素
的、也有花紋的，配合
小鍋的口味選擇碗，也
能營造出氣氛。

隔熱墊

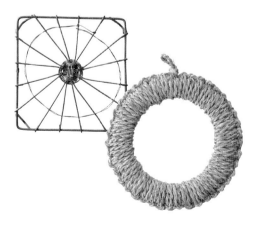

使用砂鍋等較不易散熱
的鍋子時，布製的隔熱
墊較容易導熱。較耐熱
的材質推薦鐵、矽利康
或榉等。

接續 76 頁，
繼續介紹我的拿手小菜。
在有空的時候預先做起來，
就能馬上配著小鍋一起吃。

清爽的梅香和酸味十分爽口！

梅子味噌
涼拌昆布

可事先 冷藏保存
準備 2～3 天

材料◉ 2 ～ 3 人份

去掉湯汁後的昆布……60g

梅乾（去籽，用菜刀切碎）……2 顆

白味噌……2 大匙

酒……1 大匙

味醂……1 大匙

柴魚片……2 袋（6g）

1 將昆布切成 3cm 寬，像切斷纖維般切絲。

2 將梅乾、味噌、酒和味醂倒入大碗中，仔細攪拌，再將 1
和柴魚片加入混合。

102

無法停下筷子，永遠吃不膩的味道

簡單的馬鈴薯沙拉

材料◉ 3 〜 4 人份

馬鈴薯（切成 3cm 的塊狀，泡水約 10 分鐘）……3 〜 4 顆

沙拉醬（市售）……1 〜 2 大匙

A ［美乃滋 3 大匙、鮮奶油 2 大匙］

B ［鹽、白胡椒各少許］

黑胡椒……少許

1 在鍋子裡放入馬鈴薯，倒入可淹沒馬鈴薯的水，蓋上鍋蓋，轉中火。煮滾後，用小火煮 12~15 分鐘，煮到變軟為止，然後放到濾篩上瀝乾。

2 將馬鈴薯放回 1 的空鍋子中，轉中火，仔細攪拌，讓水分蒸發，做成馬鈴薯泥。

3 將 2 移到碗中，倒入沙拉醬混合，冷卻。再加入 A 攪拌，全部混在一起後加入 B 調味。盛到器皿中，撒上黑胡椒。

辣辣脆脆的小魚乾也非常適合當下酒菜

魩仔魚辣炒花生

材料◉ 2 ～ 3 人份

魩仔魚……20g

花生（去膜）……50g

芝麻油……1 大匙

大蒜（切薄片）……1 瓣

辣椒（去籽，切成寬 5mm 的大小）……½ 條

可事先
準備

1 在平底鍋加入芝麻油和大蒜，用小火炒。

2 爆香後加入魩仔魚、花生和辣椒，用小火炒到變得脆硬為止。

鱈魚子像氣泡般的口感讓人停不下來！

鱈魚子炒鹿尾菜

可事先準備

材料◉ 2 人份

鹿尾菜（乾燥）……15g

鱈魚子（取出魚卵）……½ 小肚（約 30g）

沙拉油……⅔ 大匙

酒……1 大匙

1 用水清洗鹿尾菜，浸泡在大量的水中 20~30 分鐘，放置到濾篩上，再用水洗，瀝乾。過長的則切成 5~6cm 的長度。

2 在平底鍋倒入沙拉油，用中火加熱，炒鹿尾菜。加入鱈魚子再炒，混合攪拌後撒上酒，將鱈魚子炒熟為止。

可事先
準備

冷藏保存
4~5天

白蘿蔔的辛辣味擄獲味覺

味噌醃白蘿蔔皮

材料⊙ 2 人份

白蘿蔔皮（厚切／切成長 8cm）……100g

味噌……40g

1 將白蘿蔔皮並排，每片的單面都塗上味噌。每 5~6 片疊在一起，放入保鮮袋中，放進冰箱冰 6 小時 ~1 晚。

2 將味噌擦掉，將白蘿蔔皮切成長 3~4cm、寬 1cm，切斷纖維。

4章

簡單安排熟食

重煮鍋

用熟食

就能讓營養加分，實現快速上菜

一個人住的超級好夥伴，熟食。事實上在小鍋的食譜中，熟食也是一大寶貝，不要認為「直接吃就好了啊？」將熟食做成小鍋，因為多了蔬菜，有營養均衡的優點。而且使用調理好的熟食，料理時間縮短，傍晚的時候，大家也能期待熟食區的特價吧。

適合小鍋的 食

脆嫩多汁

>> p.112 豬排

>> p.110 炸雞塊

>> p.116 燒賣

>> p.114 生魚片

香脆口感

>> p.120 煎餃

>> p.118 天婦羅

滑嫩口感

麻婆豆腐

>> p.122 鹽烤魚

>> p.128 肉丸

>> p.126 烤雞串

炸雞萵苣鍋

因為熟食雞塊的味道濃郁，所以高湯的味道要較淡

材料◉1人份

炸雞塊……4塊（130g）

水……3杯

雞骨高湯的味素（顆粒）……½小匙

A ［酒1大匙、鹽½小匙、

　　粗粒黑胡椒少許］

紅蘿蔔（切成寬2~3mm的圓片）

　……½條（50g）

萵苣（切成6~7cm的四方形）

　……½小個（150g）

1 在鍋子中加入水和雞骨高湯的味素，煮滾後加入 A 調味。

2 加入炸雞塊和紅蘿蔔，蓋上鍋蓋，以小火煮4~5分鐘，直到紅蘿蔔變軟為止。加入萵苣，煮到軟化縮水。

如果加入炸雞塊，湯頭就會變得很美味，我也很常這樣料理♪

滑蛋豬排鍋

豬排吸收了湯頭的美味，變得更加好吃

材料◉ 1 人份

豬排（切成寬 1~1.5cm）⋯⋯1 片

高湯⋯⋯2 又½杯

A ［酒 1 大匙、味醂 1 大匙、醬油 1 小匙、
　　鹽⅖小匙］

高麗菜（切成寬 2cm）⋯⋯150 ～ 200g

雞蛋⋯⋯1 顆

蔥（蔥花）⋯⋯2 條

七味粉⋯⋯適量

1 用鍋子將高湯煮滾，以 A 調味。

2 再次煮滾後，加入高麗菜煮到軟化縮水為止。放入豬排，蓋上鍋蓋煮 2~3 分鐘，直到豬排變熱。

3 將蛋打入碗中，粗略攪拌，倒入 2 中，煮 1~2 分鐘，撒上蔥花。按照喜好撒上七味粉。★ 注意不要煮過頭，不然蛋會變太硬。

生魚片涮涮鍋

享受食材涮過後的口感

材料◉ 1 人份

生魚片拼盤……100g（包含海帶、藻類）

杏鮑菇（切除根部，直切成薄片）……1 條

蘿蔔嬰（切除根部）……1 把

鹽漬海帶（注水泡開，切成長 4~5cm）……10g

水……3 杯

昆布……8 cm

A ［酒 2 大匙、鹽少許］

柚子醬油……適量

柚子胡椒……適量

珠蔥（切碎）……適量

 快速上菜的秘訣

昆布的味道出來需要一段時間，所以若在早上將昆布浸在水中，放進冰箱，回家後就可以馬上使用，能省去步驟 1。

1 在鍋子中放入水和昆布，浸泡約 30 分鐘。

2 開小火煮 1，煮滾後加入 A 調味。

3 在鍋子中加入蘿蔔嬰、海藻和杏鮑菇快速燙一下，用湯頭涮生魚片，然後沾著撒上蔥花的柚子醬油或柚子胡椒，和蔬菜一起享用。

帶有勾芡的湯頭
讓燒賣的口感
也變得滑順

燒賣酸辣鍋

又酸又辣的組合讓食慾大開

材料◉ 1 人份

燒賣（對半切開）……5 顆

水……2 又 $\frac{1}{2}$ 杯

雞骨高湯的味素（顆粒）……$\frac{1}{2}$ 小匙

香菇（去蒂，切成寬 5mm）……2 朵

洋蔥（直切成薄片）……$\frac{1}{2}$ 小顆

番茄（對半直切，切成寬 5mm）

　　……$\frac{1}{2}$ 小顆（100g）

A ［酒 1 大匙、醬油 1 小匙、醋 1 ～ 2 大匙、

　　砂糖 $\frac{1}{2}$ 大匙、鹽 $\frac{1}{3}$ 小匙、胡椒少許］

B ［太白粉 $\frac{1}{2}$ 大匙、水 1 大匙］

雞蛋……1 顆

香菜（切成長 2~3cm）……適量

辣油……適量

1 在鍋子中加入水和雞骨高湯的味素，轉中火，煮滾後放入燒賣、香菇和洋蔥。再次煮滾後，轉小火煮到軟化縮水為止。

2 加入番茄，以 A 調味後稍微煮一會兒。

3 在 2 加入 B 混合攪拌，出現勾芡後，將打好的蛋倒入。蛋熟了之後加入香菜再稍微煮一會兒，撒上辣油。

天婦羅雪見鍋

材料◉ 1 人份

天婦羅（炸蝦、沙鮻）……各 1 個

鴻喜菇（切除根部，撥散，每 3~4 條一束）
　　……1 包（100g）

白蘿蔔（蘿蔔泥）……200g

高湯……1 又½ 杯

A ［酒 1 大匙、味醂 1 大匙、醬油 1 小匙、
　　鹽½ 小匙］

山芹菜（切成長 2~3cm）……1 把

1 將鍋子裡的高湯煮滾後加入 A 調味。

2 將鴻喜菇加入 1 中，蓋上鍋蓋，用小火煮 3
　分鐘直到軟化縮水，加入天婦羅，蓋上鍋
蓋，煮約 2~3 分鐘直到天婦羅變熱。

3 將蘿蔔泥連同汁倒入 2，加熱，撒上山芹菜。
　★需注意蘿蔔泥如果煮過頭香氣會散逸。

天婦羅的食材
隨自己的喜好，
什麼都 OK！

材料◉ 1 人份

煎餃……5 個（120g）

茄子（削皮，切成 5~6mm 的棒狀）……2 條

高湯……3 杯

A ［酒 1 大匙、鹽½ 小匙、胡椒少許］

杏鮑菇（切除根部，切成 5~6mm 的棒狀）

　　……小 2 條

1 將茄子浸泡在水中約 5 分鐘，瀝乾。★如果浸泡時間過久，茄子會難以吸收味道，需注意。

2 將鍋子裡的高湯煮滾，加入 A 調味。

3 在 2 中加入 1 的茄子和杏鮑菇，再次煮滾後，蓋上鍋蓋用小火煮 4~5 分鐘，再放入煎餃煮到變熱為止。

鹽烤魚蕪菁鍋

烤魚的香氣與濃縮的美味製造出上等的湯頭

材料◉ 1 人份

鹽烤魚（鰈魚）……1 人份（120g）

蕪菁（莖留下約 3~4cm，去除葉子，直切成 2~3 等分）
　……2 個

蕪菁葉（切成長 3cm）……50g

高湯……3 杯

酒……1 大匙

生薑（切薄片）……½ 小節

鹽……⅔〜½ 小匙

柚子皮（切絲）……¼ 顆

1 將高湯倒入鍋子裡，用中火煮滾後，加入烤魚、蕪菁、酒和生薑。再次煮滾後，蓋上鍋蓋用小火煮 5~6 分鐘，加入蕪菁葉，再煮 3~4 分鐘。

2 將鹽加入 1 調味，撒上柚子皮。

味道單純，無論是白肉魚還是紅肉魚都很適合。

麻婆豆腐冬粉鍋

材料◉ 1 人份

麻婆豆腐……1 人份（150g）

冬粉（乾燥／切成長 6~7cm）……20g

豆苗（切除根部，對半切）……1 把

水……2 又½ 杯

雞骨高湯的味素（顆粒）……½ 小匙

A ［酒 1 大匙、醬油⅔ 大匙、鹽少許］

1 在鍋子裡加入水和雞骨高湯的味素，轉中火，煮滾後加入冬粉和 A，攪拌後蓋上鍋蓋，用小火煮約 5 分鐘。

2 加入麻婆豆腐，再次煮滾後，加入豆苗煮到軟化縮水為止。

豆苗最後再放才有口感◎！

烤雞串豆腐鍋

材料◉ 1 人份

烤雞串（雞腿肉、肉丸）……各 1 串

板豆腐（對半切，厚切 1~1.5cm）

　……½ 塊

高湯……2 ～ 2 又½ 杯

A　［醬油½ 大匙、酒 1 大匙、鹽⅓ 小匙］

大蔥（切碎）……½ 條

七味粉……適量

1 將烤雞串放在耐熱盤上，用 600W 的微波爐加熱約 1 分鐘，拔掉竹籤。

2 將高湯倒入鍋子中，以中火煮滾後，用 A 調味。

3 將烤雞串和豆腐放入 2，煮滾後用小火再煮約 3 分鐘。加入大蔥稍微煮一下，按照喜好撒上七味粉。

肉丸大白菜鍋

充滿大量蔬菜與少許肉的歐式小鍋，散發橄欖油的香氣

材料◉ 1 人份

肉丸……4 顆（130g）

大白菜（橫切 3 等分，直切寬 5cm）……300g

水……1 杯

酒……1 大匙

A ［醬油 1 大匙、鹽¼ 小匙、胡椒少許］

小番茄（去蒂）……4 顆

香菜（切碎）……1 大匙

橄欖油……1 小匙

1 在鍋子中鋪滿大白菜，放上肉丸，加水，用中火煮滾後，撒上酒，以 A 調味。蓋上鍋蓋，轉小火，煮約 25 分鐘，直到白菜變得軟爛為止。

2 加入小番茄稍微煮一下，撒上香菜，撒上橄欖油。

小番茄要快速氽燙熟，才會有口感。

今天想吃什麼？

享用主食

**小鍋的樂趣之一就是享用作為主食的飯或麵。
選擇喜歡的食材與配料，自由地享受吧。**

※ 根據小鍋的種類不同，有些小鍋的湯汁比較少，如果
湯汁不夠的話就加入適量的高湯，一邊調整一邊煮。

麵類

麵類是小鍋主食的常客。
除了常見的烏龍麵及拉麵外，
河粉和米粉等
也很適合民族風的小鍋。

- 烏龍麵
- 皮帶麵
- 蕎麥麵
- 拉麵
- 米粉
- 河粉
- 義大利麵
- 素麵
- 炒麵
- 油麵

飯類

吸收了湯汁的米粒，
讓人唏哩呼嚕地吃下肚，
是另一個胃的菜單。
也可放入年糕，或是烤好的飯糰◎。

- 白飯
- 年糕
- 烤飯糰

其他

西式小鍋則搭配麵包；
酸辣湯等較酸的小鍋，則可以加入冬粉。
搭配組合全隨每個人的想法，
不要拘泥於飯或麵類，嘗試各種吃法吧。

- 吐司
- 法國麵包
- 通心粉
- 冬粉
- 麵疙瘩
- 餃子
- 餛飩皮

配料

在飯上面打下一個生蛋，
或是鋪上起司做成義大利燉飯，
在飯上面加點可以補足的東西。

- 山芹菜
- 雞蛋
- 起司
- 芝麻
- 蔥
- 山葵
- 梅乾
- 海苔
- 香菜
- 香芹
- 奶油
- 培根

小鍋 × 主食 創意集合

大家可以將本書的小鍋食譜和 130~131 頁的食材與配料
結合起來，嘗試各式各樣的組合。

清爽的茶泡飯

青蔥牛肉鍋
（p.20）
× ● 白飯 × ● 梅乾
● 山葵

將一碗白飯加到煮滾的湯頭中，若稍微煮乾了，就將飯移到器皿中，加
上梅乾和山葵，味道太淡的話可以加醬油或鹽巴。

濃郁的奶油拉麵

蒜味鱈魚
馬鈴薯鍋
（p.28）
× ● 拉麵 × ● 奶油
● 大蔥

將一包拉麵加到煮滾的湯頭中，根據外包裝的建議時間烹煮，煮好後盛
到器皿中，加入奶油和切碎的大蔥，按照喜好在湯汁中加進味增也 OK。

咖哩烏龍麵

鯖魚咖哩鍋
（p.42）
× ● 烏龍麵 × ● 大蔥

將 1 球烏龍麵加入煮滾的湯頭中，用醬油調味，烏龍麵煮好後盛到器皿
中，撒上環切的大蔥。

番 茄 義 大 利 麵

菠菜豬肉
日常鍋
（p.90） ✕ ● 義大利麵 ✕ ● 香芹

事先將義大利麵快速煮一下，煮的時間比建議時間少 2 分鐘左右。湯頭
煮滾後，加入義大利麵，煮好後盛到器皿中，撒上切碎的香芹。

魚 湯 蕎 麥 麵

鹽烤魚
蕪菁鍋
（p.122） ✕ ● 蕎麥麵 ✕ ● 碎海苔
● 山葵

將冷凍的蕎麥麵放入煮滾的湯頭中，煮到蕎麥麵變熱，盛到器皿中，撒
上碎海苔，按照喜好加上山葵。

民 族 風 河 粉

泰式
冬蔭功湯
（p.142） ✕ ● 河粉 ✕ ● 香菜
● 魚露

事先將河粉快速煮一下，煮的時間比建議時間少 2 分鐘左右。將河粉放
入煮滾的高湯中，煮好後盛到器皿中，撒上香菜，按照喜好加進魚露。

麵 包 濃 湯

牛奶蛤蜊鍋
（p.148） ✕ ● 法國麵包 ✕ ● 培根
● 起司粉

將法國麵包當作吐司，撕成小塊放入湯鍋中，再加進切碎的培根，稍微
煮一會兒，最後撒上起司粉。

適合小鍋的
甜點

吃完溫暖的小鍋後，
就要上冰冰的甜點。
此處介紹了吃完小鍋後適合的甜點，
從甜食到清爽的口味都有。

滑溜溜的口感，
清爽的味道

黑糖寒天

材料◉ 2 ～ 3 人份
洋菜棒……½ 條
水……2 杯
黑糖水……4 ～ 5 大匙

1 將洋菜棒切成 3 等分，加入大量的水，浸泡 20~30 分鐘，直到洋菜變軟後擰乾。

2 將水加進鍋子裡，用手將 **1** 的洋菜撥成小塊加進鍋子中，轉中火，煮滾後將火調小，從鍋底混合攪拌，煮 5~6 分鐘。

3 用濾杓將 **2** 瀝乾，放入保鮮盒中，等到冷卻後蓋上蓋子，在冰箱冷藏約 2 小時。

4 盛到盤子上，淋上黑糖水。

又冰又酸的
多汁水果十分清爽！

糖漬水果

材料◉ 2 ～ 3 人份

水果 (麝香葡萄、藍莓、香蕉、鳳梨等)……400g

水……2 杯

細砂糖……200g

檸檬汁……2 大匙

1 在鍋子裡加入水和細砂糖，開中火，煮滾後轉小火，讓砂糖溶解。關火冷卻，加入檸檬汁混合攪拌。

2 用水清洗麝香葡萄和藍莓，用濾篩瀝乾，香蕉切成 1cm 寬的薄片，鳳梨切成一口的大小。

3 將 **2** 放入保鮮盒中，倒進 **1**，放入冰箱冷藏約 2 小時。

試著使用季節水果吧♪

紅豆加椰子，散發適當甜味的甜點

白玉紅豆湯

＊可先用保鮮盒做好 **1** 的甜湯，
要吃的當天再做白玉糰子。

材料◉ 4 人份
白玉粉……⅓ 杯
水……⅓ 杯
蜜紅豆（市售）……120g
椰奶……⅔ 杯

1 將紅豆和椰奶放進碗中混合攪拌，冰在冰箱約 1 小時。

2 製作白玉糰子。在碗中倒入白玉粉，一點一點地加入水，揉到像耳垂般柔軟為止。揉捏成直徑 1.5cm 的圓形，按壓中心的部分，加入大量的熱水，從底部攪拌，浮上來後，煮約 1 分鐘，再放到冷水中冷卻，瀝乾。

3 從冰箱取出 **1**，將 **2** 加進去。

蜜紅豆要選擇甜的，味道確實出來會更美味。

可事先
準備　冷藏保存
1～2 天

甜而不膩的口感，是適合轉換口味的一道甜點

香煎奶油南瓜

材料◉ 2 人份

南瓜（帶皮，長度對切後，直切 4 等分，呈梳子狀）

　……200g（果肉）

奶油……2 大匙

細砂糖……1 大匙

肉桂粉……少許

1　將奶油放入平底鍋，加熱融解，將南瓜的切面朝下放入，
　　蓋上鍋蓋，用小火煎 4~5 分鐘。呈現焦色後再翻面，同樣
煎到南瓜變軟為止。

2　撒上細砂糖，熄火，盛到器皿中，撒上肉桂粉。

清涼的微辣口感
讓人深深著迷

薑汁果凍

材料◉ 4 人份

嫩薑（帶皮，切 8 薄片，剩下的做成生薑泥）

　……計 30g

水……1 杯

細砂糖……30g

粉狀吉利丁……½ 大匙

　（加入水 1 又½ 大匙、放置泡漲約 20 分鐘）

檸檬汁……1 大匙

1 在鍋子中加入水、細砂糖和薑片，轉中火，煮滾後將火轉小，煮 1~2 分鐘使砂糖溶解，關火取出薑片，之後用來裝飾。

2 在 **1** 的鍋中加入泡好的吉利丁溶解，加入生薑泥混合攪拌，用濾茶網過濾，然後加入檸檬汁混合攪拌。

3 待 **2** 冷卻後，倒入容器中，冰在冰箱約 2 小時，凝固後放上薑片裝飾。

5章

假日花點工夫

饗宴鍋

絕對值得料理！

味道深層的「饗宴鍋」

平常用少少的食材快速做成「小鍋」的人，有時間的話，不妨也來用一般的大鍋子做看看「饗宴鍋」吧？使用3～4人份鍋子的優點，除了可以增加食材的種類外，也能將需要時間加熱的食材煮透，煮出富有層次的口味，既能招待朋友一起享用，也能保存在冰箱中分2～3次享用。只要動動手就能飽嚐美食。

饗宴鍋的優點

1 食材的種類多

因為鍋子的容量大，所以能放入的食材種類增加。除了可以加入平常不太會煮的甜菜或牡蠣等食材外，還能安心使用牛腱等需要時間烹煮的食材。

2 切成大塊的食材看起來相當豪華

小鍋為了能快點煮熟所以食材都會切片，但是要花時間熬煮的饗宴鍋，食材則可以大塊大塊地切，外表看起來會變得相當豪華！

材料◉ 2～3 人份

蝦子（保留頭部，去除腸泥，洗好擦乾）
　……3～4 大隻

熟筍（對半直切，切成薄片）……80g

油豆腐（對半切，切成厚 8mm）……1 片

冬粉（乾燥／放入熱水泡軟，剪成適合食用的大小）
　……20g

水……6 杯

中華高湯的味素（顆粒）……1 小匙

大蒜（對半直切，拍碎）……1 瓣

生薑（切薄片）……1 瓣

檸檬香茅（根部／斜切成寬 1cm）……2 條

辣椒（極小）……4～5 條

箭葉橙的葉子……3～4 小片

酒……3 大匙

魚露……2～3 大匙

芝麻油……1 大匙

檸檬汁……2 大匙

香菜（切成長 5~6cm）……1 把

1 在鍋子中加入水、中華高湯的味素、大蒜、生薑、檸檬香茅、辣椒和箭葉橙的葉子，轉中火。

2 煮滾後撒上酒，加入蝦子、竹筍、油豆腐和冬粉，再次煮滾後，用魚露調味，將火轉小煮 5~6 分鐘。

3 淋上芝麻油和檸檬汁，加入香菜。

泰式冬蔭功湯

散發東南亞的香氣，味道濃厚的酸辣湯

143

羅宋湯

使用豔紅的甜菜做出的俄羅斯鍋

材料◉ 4 人份

牛腱（肉塊／切成厚 3cm、4~5cm 的塊狀，
　　放置至常溫）……500g

甜菜……1 小顆

大蒜……1 瓣

水……6 杯

A　[白酒⅓ 杯、歐風高湯的味素（顆粒）
　　　1 小匙、鹽½ 小匙、法國香草束 1 束]

馬鈴薯（對半切，浸泡在水中約 10 分鐘）
　　……2 顆

紅蘿蔔（對半直切，切成長 3cm）
　　……小 1 條

高麗菜（切成 6~7cm 的四方形）……200g

B　[鹽 1 小匙、胡椒少許]

酸奶油……適量

1　在鍋子中加入牛肉、甜菜、大蒜和水，開
　中火，煮滾後，將火調小，去除雜質，加
入 A，蓋上鍋蓋，用小火煮約 1 小時。

2　從 1 取出甜菜，冷卻，削皮後直切成 4 等
　分，再切成厚 1.5cm 的銀杏葉狀。

3　將馬鈴薯和紅蘿蔔加入 1，轉中火，煮滾
　後將火調小，煮約 20 分鐘。

4　將 3 用 B 調味，加入高麗菜煮到軟化縮
　水，再加入 2 稍微煮一下，按照喜好加入
酸奶油。

牡蠣的美味瞬間擄獲人心，廣島的地方鍋

牡蠣土手鍋

材料◉ 4 人份

牡蠣（去殼／用鹽水輕輕地洗，瀝乾）
　……20 顆

煎豆腐（對半切，切成寬 1.5cm）……1 塊

香菇（去蒂，切出花紋）……6 朵

大蔥（切成長 3cm，在表面劃上淺紋）
　……1 條

山茼蒿（將葉尖柔軟的部分切成長 5~6cm，
　莖較硬的部分則將葉子摘下）……1 把

紅味噌……20g

信州味噌……40g

A　［酒 2 大匙、味醂 2 大匙、
　　砂糖½ 大匙、生薑末 1 小匙］

高湯……½ ～ 1 杯

1　在碗中加入 2 種味噌混合，加入 A，仔細
　混合攪拌。

2　將 1 塗在鍋身，加入山茼蒿以外的食材，
　倒進高湯，開中火。

3　煮滾後，將火轉小，蓋上鍋蓋，等食材煮
　熟後，加入山茼蒿再稍微煮一下。

蛤蜊牛奶鍋

咕嚕咕嚕，充滿蔬菜的濃醇鍋

材料◉ 4 人份

蛤蜊（帶殼／吐完沙）⋯⋯500g

白酒⋯⋯2 大匙

洋蔥（直切 4 等分，切成寬 2cm）⋯⋯1 顆

杏鮑菇（切除根部，對半直切，切成長 3cm）

　⋯⋯2 條

西洋芹（去筋，對半直切，切成長 2cm）

　⋯⋯1 條

馬鈴薯（對半直切，切成厚 2cm，浸泡在水中約

　10 分鐘）⋯⋯3 顆

奶油⋯⋯2 大匙

水⋯⋯3 杯

歐風高湯的味素（顆粒）⋯⋯1 小匙

A　［鹽 1 小匙、胡椒少許］

牛奶⋯⋯2 杯

青花菜（切成小朵，快速燙過）⋯⋯150g

1 在平底鍋中加入蛤蜊，撒上白酒，蓋上鍋蓋，開中火，中途一邊攪拌，一邊煮到蛤蜊開口為止。

2 將奶油加到鍋子中融解，再加入洋蔥和杏鮑菇，用中火炒熟。加入芹菜和馬鈴薯，快速炒一下後，放入水和歐風高湯的味素。煮滾後，將火調小，去除雜質，蓋上鍋蓋，用小火煮約 10 分鐘。

3 將 1 連同湯汁加入 2，用 A 調味。倒入牛奶煮滾後，加入青花菜，稍微煮一下。

材料◉ 4 人份

雞絞肉……350g

大蔥（切碎）……4 大匙

生薑泥……1 小匙

A ［酒 1 大匙、醬油½ 小匙、
　　鹽¼ 小匙、太白粉 1 大匙、
　　水 2 大匙］

黑木耳（乾貨／用水泡發，切除蒂頭，
　切絲長 2cm）……6g

高湯……6 杯

B ［酒 2 大匙、味醂 2 大匙、
　　醬油 1 大匙、鹽 1 小匙］

炸豆腐皮（對半切）……2 片

年糕……4 塊

水菜（切成長 4~5cm）……250g

充滿肉丸和豆腐福袋的大份量鍋

雞肉丸鍋

1 將炸豆皮切開呈袋狀，塞進年糕。

2 在碗中加入絞肉、大蔥、生薑和 A，用手仔細混合攪拌。加入木耳再攪拌，分成 8 等分，用水沾濕雙手，捏成 8 個肉丸。

3 將高湯倒入鍋子中，用中火煮滾，以 B 調味，加入 2，再次煮滾後，將火轉小，去除雜質，蓋上鍋蓋，用小火煮 5~6 分鐘。

4 將 1 的豆皮開口朝上放進鍋子，用小火煮約 10 分鐘，年糕變軟後，加入水菜稍微煮一下。

了解日本的美味

鄉土鍋
地圖

在日本有許多
使用當地才有的食材
做成的鍋料理，
這裡為大家介紹其中一部分。

麵疙瘩鍋

岩手

揉捏延展小麥粉，並用手撕成小塊丟到鍋裡，再和蔬菜一起燉煮的鍋料理。

鮟鱇魚鍋　茨城

以鮟鱇魚為主要食材，代表茨城縣的鍋料理。不同的鮟鱇魚部位吃起來的口感也不同。

相撲火鍋　東京

相撲力士的鍋料理。以肉和魚為主要食材，加入蔬菜一起煮，不同的相撲道場料理出來的味道也不同。

柳川鍋　東京

將切開的泥鰍和切片的牛蒡一起熬煮，加上味醂和醬油，最後鋪上一層滑蛋的鍋料理。

石狩鍋 北海道

將鮭魚切碎，加入蔬菜，用昆布高湯當湯底，加入味噌熬煮，發源於石狩地區的鍋料理。

烤米棒鍋 秋田

除了有秋田名產烤米棒，還將雞肉、牛蒡、蘑菇和蔥等加入用雞骨高湯熬製的鍋料理中。

鹽魚鍋 秋田

使用鹽巴醃漬的叉牙魚所做成的魚醬，再加入叉牙魚、豆腐和蔬菜等熬煮的鍋料理。

芋煮鍋

山形

放入野芋、蒟蒻、牛肉、蔥和蘑菇等食材的鍋料理。在不同的區域調味會有所差異。

餺飥鍋 山梨

揉捏小麥粉，將麵團切開做成粗扁的麵條，和豬肉、南瓜等一起用味噌湯頭熬煮的鍋料理。

靜岡關東煮 靜岡

湯頭使用濃口醬油，加入靜岡名產黑魚板和牛筋，完成後再撒上高湯粉或青海苔。

源平鍋
香川

將瀨戶內海的海鮮，和被比喻為源氏白旗的白蘿蔔與被比喻為平家紅旗的紅蘿蔔一起燉煮的鍋料理。

湯豆腐
京都

發源於京都南禪寺周邊，在鍋子中加入水、昆布和豆腐，加熱後搭配沾醬一起吃。

鱈魚鍋
石川

將鱈魚片和蔬菜、豆腐一起用水及昆布熬煮的鍋料理。會搭配柚子醋醬油等沾醬。

水菜鍋
大阪

以豬肉和水菜為主要食材的鍋料理。為近畿地方的料理，在大阪最常見。

鴨鍋
滋賀

將綠頭鴨、豆腐、蔥、大白菜和蒟蒻絲等食材一起燉煮的鍋料理，是代表滋賀縣的冬季料理。

味噌關東煮
愛知

在使用八丁味噌為湯底的微甜湯頭中，加入白蘿蔔和蒟蒻等名古屋地方特產的關東煮。

鄉土鍋
地圖

美酒鍋 `廣島`

加入雞肉、豬肉和蔬菜，僅用日本酒、鹽巴和胡椒來調味。是酒鄉・東廣島市西条地區的鄉土鍋。

水炊鍋 `福岡`

將博多特產的雞連皮帶骨地剁碎加到鍋子中，用水煮滾後即可食用的博多代表料理。

內臟鍋 `福岡`

加入事先處理過的牛腸、豬腸、高麗菜和韭菜等燉煮的鍋料理。有醬油和味噌兩種口味。

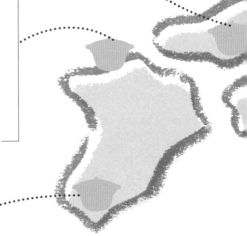

黑豬肉涮涮鍋 `鹿兒島`

使用鹿兒島特產的黑豬，黑豬肉特徵為肉質纖細、口感柔軟。

主要食材 INDEX

蔬菜、菇類

主材料別
INDEX

TITLE

自在小鍋食光

STAFF

出版	瑞昇文化事業股份有限公司
作者	大庭英子
譯者	顏雪雪
總編輯	郭湘齡
文字編輯	徐承義　蔣詩綺　陳亭安
美術編輯	孫慧琪
排版	曾兆珩
製版	明宏彩色照相製版股份有限公司
印刷	龍岡數位文化股份有限公司
法律顧問	經兆國際法律事務所　黃沛聲律師
戶名	瑞昇文化事業股份有限公司
劃撥帳號	19598343
地址	新北市中和區景平路464巷2弄1-4號
電話	(02)2945-3191
傳真	(02)2945-3190
網址	www.rising-books.com.tw
Mail	deepblue@rising-books.com.tw
初版日期	2018年11月
定價	380元

ORIGINAL JAPANESE EDITION STAFF

撮影	伏見早織（小社写真部）
デザイン	井寄友香
スタイリング	鈴木亜希子
イラスト	ますこ えり
題字、	小林 晃
表紙イラスト	
校正	株式会社円水社
編集	花澤靖子、川村真央、
	永渕美加子、大友美雪
	（スリーシーズン）
編集部	原田敬子

國家圖書館出版品預行編目資料

自在小鍋食光 / 大庭英子著；顏雪雪譯.
-- 初版. -- 新北市：瑞昇文化, 2018.11
160 面；14.8 x 21 公分
ISBN 978-986-401-285-5(平裝)

1.食譜

427.1　　　　　　　　　107017946